ESSAI

SUR

LA THÉORIE DU SON.

TRIBUT ACADÉMIQUE,

Présenté à la Faculté des Sciences de Montpellier,

Par Frédéric Sarrus,

POUR OBTENIR LE GRADE DE DOCTEUR ÈS SCIENCES.

A MONTPELLIER,

De l'Imprimerie d'Isidore TOURNEL Aîné,
rue Aiguillerie, n.º 43.

1821.

ESSAI

SUR

LA THÉORIE DU SON.

LAGRANGE est, je crois, le premier qui ait appliqué l'analyse mathématique à la détermination des petits mouvemens d'un fluide élastique, et qui en ait déduit les bases fondamentales de la théorie du son. Peu de temps après le premier travail de Lagrange, Euler entreprit la solution du même problème ; mais il n'ajouta que peu de chose aux découvertes du premier de ces géomètres, qui n'avait intégré l'équation aux différentielles partielles de laquelle dépend toute cette théorie, que dans la supposition très-particulière que l'état d'une molécule quelconque, pour un instant déterminé quelconque, ne dépend que de la distance de cette même molécule au centre de l'ébranlement primitif. Dans ce cas, l'équation différentielle donnée est intégrable en termes finis, et la solution est complète. Malheureusement cet ébranlement ne saurait être toujours tel que cette supposition soit vraie ; bien plus, cet état ne peut se rencontrer que très-rarement, et l'on ne saurait appliquer à tous les phénomènes les conséquences d'un cas on ne peut plus particulier. Il était donc de la dernière importance de déterminer quelles étaient celles d'entre ces conséquences qui étaient indépendantes de la nature de cet ébranlement, et c'est ce qu'a fait M. Poisson, il y a quelques années seulement. Dans la partie de son travail qu'il a insérée dans le quatorzième cahier du *Journal de l'école polytechnique*, ce géomètre est parvenu à démontrer, sans le secours des séries, que la vitesse du son était constante et indépendante de la nature de l'ébranlement primitif; il a démontré ensuite, au moyen des séries, que la force du son est en raison inverse du carré de la distance au centre de l'ondulation primitive, lorsque cette distance est très-grande par rapport aux dimensions de cette ondulation. On peut voir dans l'ouvrage cité beaucoup d'autres théorèmes auxquels il est parvenu, soit au moyen des intégrales définies, soit au moyen du développement en série.

Depuis la publication de ce premier travail, le même géomètre est parvenu à une intégrale définie, de la dernière simplicité, qui donne la solution complète du problème proposé, et dont les fonctions arbitraires sont faciles à déterminer, au moyen de l'état du fluide à l'origine du temps. M. Lacroix, auquel il l'a communiquée, sans lui faire connaître la route qui l'y avait conduit, l'a donnée à la fin du troisième volume de la dernière édition de son *Traité de calcul différentiel et intégral*; de plus, il a indiqué le développement en série, pour en vérifier la forme; parce qu'alors, les intégrations pouvant s'effectuer, la vérification devient facile. Cependant, comme les opérations préliminaires qu'exige ce mode de vérification sont très-longues, et par là même fastidieuses, j'ai essayé d'y parvenir par une autre voie: après plusieurs tentatives, je suis arrivé au but que je m'étais proposé, au moyen de l'artifice que M. Poisson avait employé dans son premier travail, pour déterminer la vitesse du son. Ce mode de vérification m'ayant paru assez simple, je commencerai cet essai par vérifier ainsi le résultat de M. Poisson.

Ce résultat une fois démontré, j'en déduirai quelques conséquences, et je terminerai par l'exposé succinct de quelques
phénomènes de la théorie des échos, que l'on peut démontrer
par une méthode pour ainsi dire élémentaire.

On peut voir, dans le cahier du journal que j'ai déjà cité, que,
si l'on néglige l'action des forces accélératrices qui peuvent sol-
liciter les molécules de l'atmosphère, dont nous désignerons les
coordonnées rectangulaires par x, y, z, et que l'on détermine
φ, au moyen de l'équation aux différentielles partielles

$$\frac{dd\varphi}{dt^2} = a^2 \left(\frac{dd\varphi}{dx^2} + \frac{dd\varphi}{dy^2} + \frac{dd\varphi}{dz^2} \right), \quad (1)$$

l'on a $\dfrac{d\varphi}{dt}$ pour la valeur de la condensation de la molécule dont

les coordonnées sont x, y, z; et $\dfrac{d\varphi}{dx}$, $\dfrac{d\varphi}{dy}$, $\dfrac{d\varphi}{dz}$, pour celles

qui résultent de la décomposition de la vitesse de la même molécule, parallèlement aux axes des x, y, z; de sorte que toute
la difficulté de la théorie du son consiste à intégrer l'équation (1).
Cela posé, M. Poisson trouve que φ est donné par l'équation

$$\varphi = SS\, t\, T\, du\, dv + \frac{d\, SS\, t\, T'\, du\, dv}{dt}; \quad (2)$$

pourvu que, dans le second membre, l'on suppose que T, T',
sont des fonctions arbitraires de

$$x - atu, \; y - at\sqrt{1-u^2}\sin v, \; z - at\sqrt{1-u^2}\cos v,$$

et que l'on prenne les intégrales depuis $u = -1$, jusqu'à u
$= +1$, et depuis $v = o$, jusqu'à $v = 2\pi$, π désignant le
rapport de la circonférence au diamètre.

Pour démontrer la vérité de l'expression précédente, nous observerons qu'il suffit que l'on ait

$$SS \frac{dd.tT}{dt^2} du\,dv = a^2\, SS\, t \left(\frac{ddT}{dx^2} + \frac{ddT}{dy^2} + \frac{ddT}{dz^2} \right) du\,dv,$$

$$SS \frac{dd.tT'}{dt^2} du\,dv = a^2\, SS\, t \left(\frac{ddT'}{dx^2} + \frac{ddT'}{dy^2} + \frac{ddT'}{dz'^2} \right) du\,dv; \qquad (3)$$

et comme elles sont entièrement semblables, l'on voit qu'il suffit de vérifier la première.

Pour cela, nous observerons qu'il est possible et même facile de déterminer les coefficients différentiels de T, par rapport à x, y, z, en coefficients différentiels de la même fonction, pris par rapport à t, u, v; effectuant donc cette transformation, l'on trouve que la fonction

$$a^2 \left(\frac{ddT}{dx^2} + \frac{ddT}{dy^2} + \frac{ddT}{dz^2} \right),$$

peut être remplacée par la suivante :

$$\frac{1}{t}\, \frac{dd.tT}{dt^2} + \frac{d\left\{ (1 - u^2)\, \dfrac{dT}{du} \right\}}{t^2\, du} + \frac{\dfrac{ddT}{dv^2}}{t^2\,(1 - u^2)};$$

substituant cette valeur dans la première des équations (3), l'on trouve que les deux membres sont alors identiquement égaux, en observant d'abord que

$$S \frac{d\left\{ (1 - u^2)\, \dfrac{dT}{du} \right\}}{t^2\, du}\, du = \frac{(1 - u^2)}{t^2}\, \frac{dT}{du} + constante;$$

qui se réduit à la constante arbitraire, soit qu'on pose $u =$ $- 1$, ou $u = + 1$, et que, par conséquent, l'intégrale

$$SS \frac{d\left\{(1 - u^2) \frac{dT}{du}\right\}}{t^2 \, du} \, du \, dv,$$

est nulle lorsqu'on la prend entre les limites désignées; ensuite que,

$$S \frac{1}{t^2 (1 - u^2)} \frac{ddT}{dv^2} \, dv = \frac{1}{t^2 (1 - u^2)} \frac{dT}{dv} + constante,$$

dont le second membre est identiquement le même, soit qu'on pose $v = o$, ou $v = 2\pi$ (*), et que, par conséquent, l'intégrale

$$S \frac{1}{t^2 (1 - u^2)} \frac{ddT}{dv^2} \, du \, dv,$$

est encore nulle quand on la prend entre les mêmes limites.

Comme on pourrait vérifier absolument de la même manière la seconde des équations (3), l'on en conclura que l'expression de φ, trouvé par M. Poisson, satisfait à l'équation (1), et que, puisqu'elle renferme deux fonctions arbitraires irréductibles, elle a toute la généralité que l'on peut désirer.

Maintenant que nous avons effectué la vérification proposée, il nous reste seulement à déterminer la forme des fonctions arbitraires T, T', au moyen de l'état initial, afin que l'on puisse regarder comme complète la solution que nous venons de donner.

_____

(*) Attendu que T n'est fonction de v qu'autant qu'il est fonction de sin. v et cos. v.

Pour cela, nous observerons que l'équation (2) est la même chose que la suivante :

$$\varphi = SS \, tT \, du \, dv + SS \, T' \, du \, dv + SS \, t \frac{dT'}{dt} \, du \, dv \, ;$$

alors, si dans cette équation l'on suppose $t = o$, et qu'on désigne par T_0' la valeur correspondante de T', l'on aura, dans ce cas,

$$\varphi = 4 \, \pi \, T_0'. \qquad (4)$$

Si l'on différentie l'équation (2) par rapport à t, et qu'on mette, au lieu de $SS \frac{dd. \, tT'}{dt^2} \, du \, dv$, la valeur que donne la seconde des équations (3), l'on trouve

$$\frac{d\varphi}{dt} = SS \, T \, du \, dv + SS \, t \frac{dT}{dt} \, du \, dv$$

$$+ \, a^2 \, SS \left(\frac{dd. \, T'}{dx^2} + \frac{dd. \, T'}{dy^2} + \frac{dd. \, T'}{dz^2} \right) t \, du \, dv,$$

supposant encore, dans cette équation, $t = o$, et désignant par T_0 la valeur correspondante de T, l'on aura, dans ce cas,

$$\frac{d\varphi}{dt} = 4 \, \pi \, T_0, \qquad (5)$$

les équations (4) et (5) ayant lieu, quelles que soient les valeurs de x, y, z, on pourra y mettre, au lieu de ces valeurs, les suivantes, x', y', z', quand même on poserait (*)

(*) Nous supposerons, dans tout ce qui suit, que x', y', z' représentent ces mêmes valeurs.

$$x' = x - atu \; ; \quad \gamma' = y - at\sqrt{1 - u^2} \sin. v \; ,$$

$$z' = z - at\sqrt{1 - u^2} \cos. v \; ;$$

mais alors T_0', T_0 redeviennent égaux à T', T, d'où l'on conclura que ces dernières quantités sont les valeurs de φ, $\dfrac{d\varphi}{dt}$, qu'avaient à l'origine du temps la molécule dont les coordonnées sont x', γ', z', et qui est éloignée de la première d'une quantité at.

Dans chaque cas particulier, la marche que nous venons d'indiquer fera connaître la forme des fonctions arbitraires T, T', au moyen de l'état initial du fluide, après quoi l'on aura l'état d'une molécule quelconque, du même fluide, au bout du temps t, au moyen des formules

$$
\left.
\begin{aligned}
\frac{d\varphi}{dx} &= SSt \frac{dT}{dx'} du.dv + SS \frac{dT'}{dx'} du\,dv + SSt \frac{ddT'}{dx'dt} du\,dv , \\[2mm]
\frac{d\varphi}{dy} &= SSt \frac{dT}{d\gamma'} du\,dv + SS \frac{dT'}{d\gamma'} du\,dv + SSt \frac{ddT'}{d\gamma'dt} du\,dv , \\[2mm]
\frac{d\varphi}{dz} &= SSt \frac{dT}{dz'} du.dv + SS \frac{dT'}{dz'} du\,dv + SSt \frac{ddT'}{dz'dt} du\,dv ;
\end{aligned}
\right\} \; (6)
$$

auxquelles il faudra joindre l'équation (a). Nous nous contenterons d'en déduire quelques conséquences générales.

1.º Si à l'origine du temps le fluide a été ébranlé en deux endroits séparés, on pourra décomposer T en deux parties ; la première, nulle pour toutes les molécules qui ne font point partie du premier ébranlement ; et la seconde, nulle pour toutes celles qui ne font point partie du second. On pourra de même décomposer T' en trois parties ; la première, commune à toutes les molécules, mais qui disparaît d'elle-même des équations (a)

2

et (6); la seconde, nulle pour toutes celles qui ne font point partie du premier ébranlement; et la troisième, pareillement nulle pour toutes les molécules qui ne font point partie du second, d'où l'on conclura que l'effet total sera égal à la somme des effets particuliers qui auraient eu lieu si chaque ébranlement eût été seul.

Quel que pût être le nombre des ébranlemens primitifs, on parviendrait à une semblable conclusion; on verra même facilement qu'il n'est pas nécessaire que ces divers ébranlemens aient été produits en même temps.

2.° D'après les valeurs que nous avons assignées à x', y', z', l'on a

$$(x - x')^2 + (y - y')^2 + (z - z')^2 = a^2\, t^2 \qquad (7)$$

d'où l'on conclura que, si du point dont les coordonnées sont x, y, z, comme centre, on décrit une sphère dont le rayon soit at; l'état de la molécule qui occupe ce centre ne dépendra que de celui qu'avaient à l'origine du temps les molécules situées à la surface de cette sphère partant.

Si on appelle r', la distance d'une molécule quelconque, à celle de l'ondulation primitive, qui en est la plus rapprochée, et r'', la distance de cette même molécule, à celle de l'ondulation primitive, qui en est la plus éloignée; cette molécule commencera d'être ébranlée au bout d'un temps, $\dfrac{r'}{a}$, et cessera de l'être au bout d'un temps, $\dfrac{r''}{a}$, dont la demi-somme sera $\dfrac{r' + r''}{2\,a}$.

Si maintenant l'on appelle r, la distance de la même molécule, à un point fixe, situé dans l'intérieur de l'ondulation primitive, et que l'on regardera comme le centre d'où partent les rayons sonores. L'on pourra prendre $\dfrac{r' + r''}{2\,a,\,r}$ pour la vitesse du son, suivant la direction de r, d'où l'on voit que cette vitesse ne peut être rigoureusement constante qu'autant que la surface de l'ondulation primitive est une sphère; mais que, dans tous les cas, elle ne dépend que de la forme de cette surface; et que, quelle que soit cette forme, elle doit être à très-peu près constante et $= a$, à des distances très-grandes par rapport aux dimensions de l'ondulation primitive (*).

3.° Si l'on appelle dm, l'élément de la sphère donnée par l'équation (7), dont les coordonnées sont x', y', z', l'on aura

$$dm = a^2 \, t^2 \, du \, dv,$$

partant

$$SS \, t \, \frac{dT}{dx'} \, du \, dv = S \, \frac{a^2 \, t}{1} \, \frac{dT}{dx'} \, dm,$$

ou encore, en faisant $at = r + at'$, r conservant la même signification que dans ce qui précède,

$$SS \, t \, \frac{dT}{dx'} \, du \, dv = SS \, \frac{1}{a \, (r + at')} \, \frac{dT}{dx'} \, dm; \quad (8)$$

cela posé, si r est très-grand par rapport aux dimensions de l'ondulation primitive, la partie de la sphère déjà mentionnée, interceptée par l'ondulation primitive, se confondra à très-peu près avec la partie correspondante d'un plan perpendiculaire à r, et éloigné d'une quantité at' du centre de la même ondulation, d'où l'on conclura que l'intégrale $SS \, \frac{dT}{dx'} \, dm$ est à très-peu près indépendante de r, et que, comme, pour que cette

---

(*) Cette conclusion semble contraire au résultat de M. Poisson; mais on observera que ce géomètre suppose que la surface de l'ondulation primitive est sphérique.

intégrale ne soit pas nulle, il faut que at' soit aussi très-petit par rapport à r; le premier membre de l'équation (8) croît à très-peu près, en raison inverse de la distance, tant que la direction du rayon sonore et la valeur de t' restent les mêmes.

On prouverait, de la même manière, que si l'on néglige les quantités divisées par le carré ou les puissances supérieures de r, les divers termes dont se composent les seconds membres des équations (a), (6), sont, les uns nuls, les autres croissant également en raison inverse de la distance; d'où l'on conclura que :

Sur un même rayon sonore et pour une même valeur de t', la vitesse et la condensation d'une molécule quelconque, sont à très-peu près réciproquement proportionnelles à sa distance au centre de l'ébranlement primitif.

4.º Comme la force du son doit être proportionnelle au carré de la vitesse des molécules qui frappent l'oreille, l'on voit que, sur un même rayon sonore, la force du son doit croître en raison inverse du carré de la distance.

Jusqu'ici nous ne nous sommes occupés que de l'application de l'équation (2) à la théorie du son direct; il nous reste à dire quelques mots sur celle du son réfléchi.

Quelle que soit la nature des ondulations qui ont lieu dans une masse fluide, on peut, sans que pour cela elle soit changée, introduire dans le même fluide une surface dont la forme et la position soient telles, que la grandeur et la direction de la vitesse des molécules contiguës n'en soient nullement altérées; ou bien l'enlever si elle y est déjà.

Au moyen de ce principe, on réduira, dans chaque cas particulier, la théorie du son réfléchi à celle du son direct; nous allons en faire l'application aux cas les plus simples. Pour fixer les idées, nous appellerons A la partie du fluide dans laquelle s'exécutent les ondulations, et par B celle où elles ne peuvent pénétrer.

1.º Si les parties A et B de l'atmosphère sont séparées par un plan fixe indéfini, les ondulations de *A* seront absolument les mêmes que si on enlevait ce plan, et que l'on établît dans *B* un système d'ondulations parfaitement symétrique, par rapport à ce plan, avec celui que produirait dans l'atmosphère l'ébranlement qui a eu lieu dans *A*.

2.º Si *A* et *B* sont séparées par les faces d'un angle dièdre $= \dfrac{\pi}{n}$, 2π désignant la circonférence et *n* un nombre entier quelconque, on pourra remplacer l'effet de ces faces par celui de $2n - 1$, centres fictifs d'ondulations (*).

3.º Si *A* et *B* sont séparées par les faces d'un angle trièdre trirectangle, on pourra remplacer l'effet de ces faces par celui de 7 centres fictifs d'ondulations.

Dans les autres cas, toute la difficulté consistera également à déterminer dans *B* un système convenable de centres d'ondulations ; ce qui peut être plus ou moins difficile, et ce dont nous ne nous occuperons pas ici. Nous terminerons en faisant remarquer que le second cas offre, dans la théorie du son, des phénomènes analogues à ceux des kaléidoscopes dans la théorie de la lumière.

(*) Dans l'ouvrage cité, M. Poisson n'avait considéré que le cas où l'angle dièdre est droit.

Permis d'imprimer par le Recteur de l'Académie,   *Vu par le Doyen,*
BLANQUET-DU-CHAYLA.   J. D. GERGONNE.

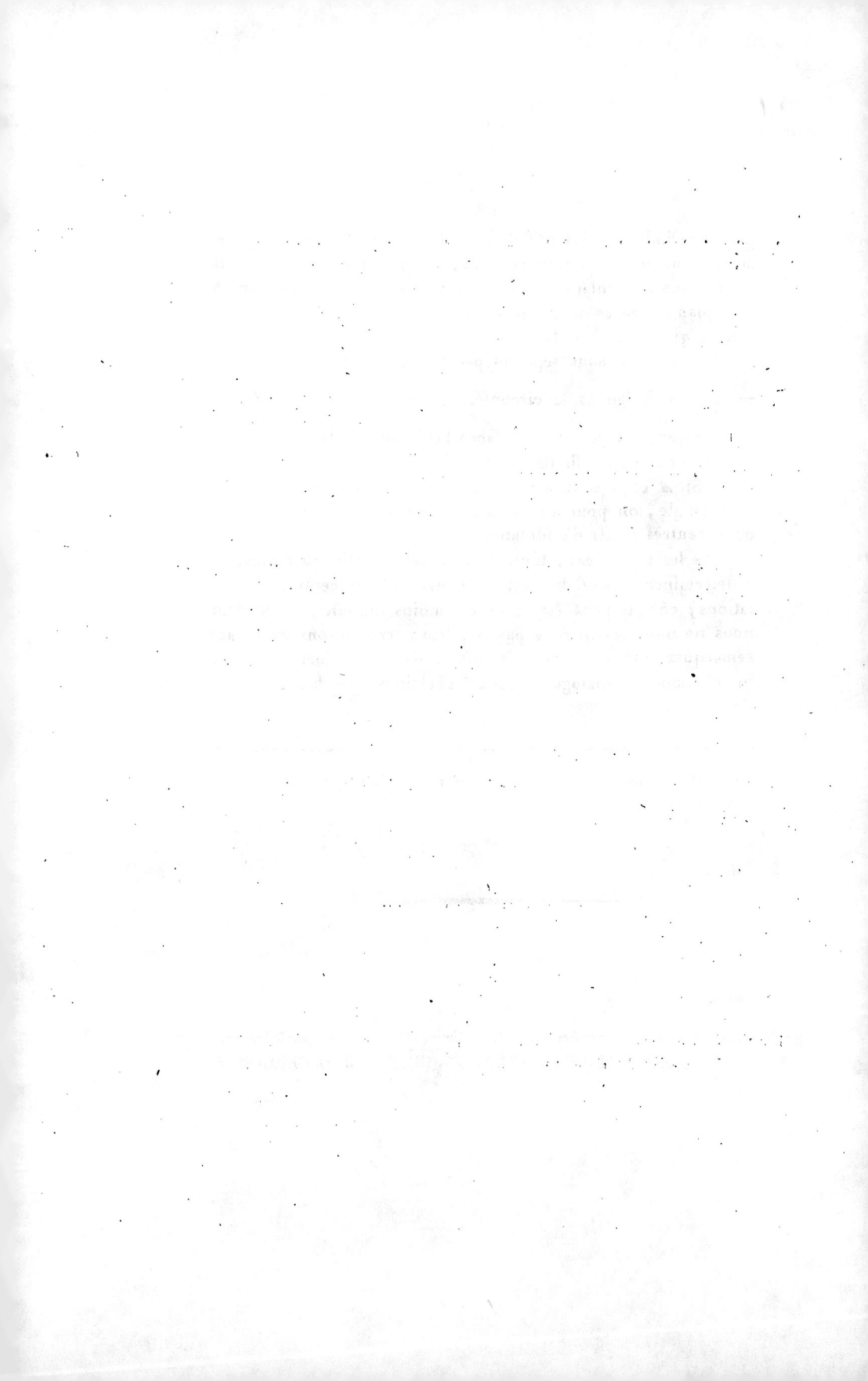

PROFESSEURS

DE LA FACULTÉ DES SCIENCES.

MM.

GERGONNE, Doyen, *Professeur d'Astronomie.*

BLANQUET - DU - CHAYLA , *Professeur de Mathématiques transcendantes.*

ANGLADA , *Professeur de Chimie.*

PROVENÇAL , *Professeur de Zoologie.*

MARCEL DE SERRES, *Professeur de Minéralogie.*

LARCHER-D'AUBANCOURT , *Professeur de Physique.*

DUPORTAL , *Professeur-Adjoint.*